BEI GRIN MACHT SICH IHR WISSEN BEZAHLT

- Wir veröffentlichen Ihre Hausarbeit,
  Bachelor- und Masterarbeit

- Ihr eigenes eBook und Buch -
  weltweit in allen wichtigen Shops

- Verdienen Sie an jedem Verkauf

Jetzt bei www.GRIN.com hochladen und kostenlos publizieren

Ramona Frommknecht

Was ist eine Pyramide? (Klasse 6, Mathematik)

GRIN Verlag

Bibliografische Information der Deutschen Nationalbibliothek:

Die Deutsche Bibliothek verzeichnet diese Publikation in der Deutschen National-bibliografie; detaillierte bibliografische Daten sind im Internet über http://dnb.d-nb.de/ abrufbar.

Dieses Werk sowie alle darin enthaltenen einzelnen Beiträge und Abbildungen sind urheberrechtlich geschützt. Jede Verwertung, die nicht ausdrücklich vom Urheberrechtsschutz zugelassen ist, bedarf der vorherigen Zustimmung des Verla-ges. Das gilt insbesondere für Vervielfältigungen, Bearbeitungen, Übersetzungen, Mikroverfilmungen, Auswertungen durch Datenbanken und für die Einspeicherung und Verarbeitung in elektronische Systeme. Alle Rechte, auch die des auszugsweisen Nachdrucks, der fotomechanischen Wiedergabe (einschließlich Mikrokopie) sowie der Auswertung durch Datenbanken oder ähnliche Einrichtungen, vorbehalten.

Impressum:

Copyright © 2015 GRIN Verlag, Open Publishing GmbH
Druck und Bindung: Books on Demand GmbH, Norderstedt Germany
ISBN: 978-3-668-00899-1

Dieses Buch bei GRIN:

http://www.grin.com/de/e-book/302408/was-ist-eine-pyramide-klasse-6-mathematik

GRIN - Your knowledge has value

Der GRIN Verlag publiziert seit 1998 wissenschaftliche Arbeiten von Studenten, Hochschullehrern und anderen Akademikern als eBook und gedrucktes Buch. Die Verlagswebsite www.grin.com ist die ideale Plattform zur Veröffentlichung von Hausarbeiten, Abschlussarbeiten, wissenschaftlichen Aufsätzen, Dissertationen und Fachbüchern.

Besuchen Sie uns im Internet:

http://www.grin.com/

http://www.facebook.com/grincom

http://www.twitter.com/grin_com

xxxxxxxxxxxxxxx

xxxxxxxxxxxxxxx

xxxxxxxxxxxxx

xxxxxxxxxxxxxxxxxxxxxx

5.Semester, WHRPO 2011

Fächer: Mathematik, Musik, Deutsch

xxxxxxxxxxxxxxxxx

Unterrichtsentwurf

Thema: Pyramide

Klasse: xx

Schule: xxxxxxxxxxxxxx

Fach: Mathematik

Datum: 10.06.2015

Uhrzeit: 9:50 – 10:35 Uhr

Betreuende Lehrkraft: xxxxxxxxxxxxx

Betreuender Dozent: xxxxxxxxxxxxxxx

Inhaltsverzeichnis

1. Bedingungsanalyse

1.1 Klassensituation

Die Klasse xx der xxx-Realschule xxxxx besteht aus 23 Schülern[1], 10 Jungen und 13 Mädchen. Das Klassenklima in dieser Klasse ist sehr gut. Die Hälfte der Klasse ist eine Bläserklasse[2], die viele gemeinsame (musikalische) Aktivitäten außerhalb des Regelunterrichts unternehmen. Dies führt zu einem stärkeren Zusammenhalt innerhalb dieser Schülergruppe.

Insgesamt ist die Klasse im Unterricht immer sehr aktiv dabei. Sie wird allerdings auch schnell unruhig, wenn sie nicht motiviert ist. Deshalb ist es in dieser Klasse besonders wichtig, dass man den Unterricht abwechslungsreich gestaltet.

Die Bereitschaft sich am Unterricht zu beteiligen, ist in der Klasse sehr ausgewogen. Sowohl die Mädchen, als auch die Jungen beteiligen sich am Unterricht. Besonders die Mitarbeit von xxxxxx ist oft sehr wichtig für den Fortlauf der Stunde, da er äußerst aktiv am Unterricht teilnimmt und oft sehr gute Beiträge leistet. xxxxxx ist zudem neu in der Klasse. Er ist erst dieses Schuljahr in die Klasse gekommen, da er zuvor das Gymnasium besucht hat. Auch xxxxxx ist erst dieses Schuljahr in die Klasse gekommen. Die beiden Schüler wurden jedoch problemlos in die Klassengemeinschaft aufgenommen.

Des Weiteren beteiligen sich xxxxxx und xxxxxx aktiv am Unterricht. xxx und xxxxx hingegen sind oft sehr unruhig im Unterricht und fordern zusätzliche Aufmerksamkeit und Motivation von der Lehrkraft ein.

Insgesamt ist das Leistungsniveau der Klasse eher durchschnittlich einzuordnen. Mündlich sind die Schüler sehr aktiv. Im Schriftlichen gibt es allerdings keine besonders herausragenden Schüler und es gibt eine deutliche Diskrepanz zwischen schriftlicher und mündlicher Leistung.

Sozialformen wie Einzelarbeit, Partnerarbeit und Gruppenarbeit sind der Klasse vertraut und können problemlos eingesetzt werden. Gruppenarbeit gelingt bei den Schülern dieser Klasse besonders gut, da sie innerhalb kurzer Zeit Gruppen bilden können, es gewohnt sind, sich untereinander auszutauschen und auch ihre Ergebnisse anschließend

---

1 Im Folgenden wird aus Gründen der Leserfreundlichkeit ausschließlich die männliche Form verwendet. Weibliche Personen sind jedoch stets inbegriffen.

2 „Eine **Bläserklasse** ist ein innovatives Konzept des Musikunterrichts, in dem musikbegeisterte Kinder während eines Zeitraums von 2 Jahren gemeinsam im Klassenverband ein Orchester bilden." (Hahn, G., 2015)

1

der Klasse vorstellen können.

Die Ausstattung und die räumlichen Gegebenheiten unterstützen zudem das schnelle Bilden von Arbeitsgruppen, sowie den vielfältigen Einsatz von Medien (Tafel, OHP, Beamer).

1.2 Analyse der Lernvoraussetzungen

Der Lerngegenstand der Stunde ist im Bereich der Geometrie (genauer: im Bereich „geometrische Körper") einzuordnen. In den zwei vorhergehenden Stunden wurde das Thema „geometrische Körper" anhand des Prismas eingeführt. Hier ging ich intensiv auf die Eigenschaften des Prismas und dessen Körpernetze ein. Anschließend vertiefte ich die Kenntnisse der Schüler (über Prismen und Körper) anhand des eigenständigen Zeichnens von Körpernetzen.

Die Begriffe Fläche, Grundfläche, Deckfläche, Mantelfläche und Netz sind den Schülern aus diesen Stunden bekannt. Begriffe wie Spitze, Kante und Ecke müssten den Schülern aus dem Alltag oder aus Klasse 5 bereits bekannt sein, da die Schüler in Klasse 5 die geometrischen Körper wie Würfel und Quader bereits intensiv behandelt haben.

In einer der Stunden zum Prisma konnten die Schüler die Pyramide (in Abgrenzung zum Prisma) als geometrischen Körper identifizieren. Daher ist ihnen der Begriff der Pyramide bereits geläufig.

Aus den bisherigen Unterrichtsstunden konnte ich feststellen, dass die Schüler bei der enaktiven Erarbeitung eines Themas sehr viel Spaß am Unterricht haben und sehr motiviert sind.

Ich möchte in meiner Unterrichtsstunde deshalb besonderen Wert auf einen enaktiven Zugang zum Thema Pyramide legen und die Schüler mit viel Material in ihrer Begriffsbildung unterstützen.

2

2. Sachanalyse

Geometrie kommt aus dem Griechischen und bedeutet »Feldmesskunst[3]« (Redaktion Schule und Lernen 2004, S. 147). Die Geometrie ist ein „Teilgebiet der Mathematik, das sich mit den Gebilden der Ebene und des Raums befasst" (ebenda, S.147). Dabei wird die Geometrie in Teildisziplinen gegliedert. In der Elementargeometrie wird zwischen Planimetrie[4] und Stereometrie[5] unterschieden. Des Weiteren ist noch die Trigonometrie[6], die darstellende Geometrie[7], die analytische Geometrie[8] und die Abbildungsgeometrie[9] zu nennen.

2.1 Geometrische Körper (Definition)

Ein geometrischer Körper ist „eine allseitig von endlich vielen ebenen oder gekrümmten Flächen begrenzte, nicht flächenhafte Teilmenge des Raumes einschließlich der begrenzten Flächenstücke" (Redaktion Schule und Lernen 2004, S.151). Werden die Körper dabei nur von ebenen Flächen begrenzt, werden diese Körper als Polyeder[10] (z.B. Würfel, Quader, Prisma, Pyramide, Tetraeder) bezeichnet.

2.2 Die Pyramide

Eine Pyramide (griech. pyramis = kantiger Spitzkörper) ist „ein geometrischer Körper, der entsteht, wenn man alle Punkte einer n-Eckfläche G geradlinig mit einem Punkt S außerhalb der Ebene des n-Ecks verbindet" (Böttner et al. 2006, S.123). Eine Pyramide besteht aus einer n-Eckfläche und der Mantelfläche. Die n-Eckfläche wird dabei als Grundfläche (G) bezeichnet und kann 3, 4 oder mehr Eckpunkte haben. Sie bestimmt den Namen der Pyramide: z.B. Dreieckspyramide, Sechseckpyramide.

---

3   Dieser Name deutet darauf hin, dass früher geometrische Probleme im Zusammenhang mit der Landvermessung, der Astronomie und der Architektur (Bau der Pyramiden) auftraten. (Redaktion Schule und Lernen 2004, S.147)
4   Planimetrie beschäftigt sich mit ebenen Figuren (ebene Geometrie).
5   Stereometrie beschäftigt sich mit dreidimensionalen Körpern (räumliche Geometrie).
6   Trigonometrie beschäftigt sich mit der Berechnung von Längen und Winkeln in geometrischen Figuren (Redaktion Schule und Lernen 2004, S.148).
7   Darstellende Geometrie beschäftigt sich mit dem Zeichnen räumlicher Gebilde in der Ebene (ebenda, S.148).
8   Analytische Geometrie: Darstellung von Punktmengen in einem Koordinatensystem.
9   Abbildungsgeometrie: Untersuchung von Abbildungen der Ebene oder des Raumes auf sich.
10 Polyeder: Vielflächner

3

Pyramiden können allerdings auch nach der Anzahl der Seitenflächen benannt werden: z.B. dreiseitige Pyramide, sechsseitige Pyramide.

Die Seitenflächen einer Pyramide bestehen aus n Dreiecken und treffen sich im Punkt S (Spitze). Die Seitenflächen von regelmäßigen geraden Pyramiden sind kongruente gleichschenklige Dreiecke.

Die Kantenabschnitte, die zwischen den Ecken der Grundfläche und der Spitze liegen, heißen Seitenkanten der Pyramide. Die Seiten der Grundfläche werden demzufolge als Grundkanten bezeichnet. Der Abstand des Punktes S von der Grundfläche wird Höhe h der Pyramide genannt. Der Abstand des Punktes S von einer Grundkante heißt Seitenhöhe h_s.

Wenn die Grundfläche der Pyramide ein regelmäßiges Vieleck ist, handelt es sich um eine regelmäßige Pyramide. Wenn die Spitze sich zudem lotrecht[11] über dem Mittelpunkt des Vielecks befindet (bzw. der Höhenfußpunkt F im Mittelpunkt der Grundfläche liegt), ist es eine regelmäßige gerade Pyramide.

Alle anderen Formen von Pyramiden sind schiefe Pyramiden (Redaktion Schule und Lernen 2004, S.350).

„Die regelmäßige dreiseitige Pyramide, deren Grundkanten und Seitenkanten gleich lang sind, heißt Tetraeder" (ebenda, S.350).

3. Didaktische Analyse

3.1 Relevanz des Unterrichtsgegenstandes

Die Schüler begegnen häufig Pyramiden in ihrem Alltag. In unserer Umwelt findet man zahlreiche Bauten und Gegenstände, welche die Form einer Pyramide besitzen (z.B. Zuckertütchen, Teebeutel, Türme, Louvre (Paris), Pyramiden in Ägypten usw.).

Die Schüler kommen daher nahezu täglich (jedoch meist unbewusst) mit Pyramiden in Kontakt.

Alltagsgegenstände, die meist als Prototypen für die jeweiligen geometrischen Körper fungieren, eignen sie sich besonders gut, um Handlungen, Alltags- und Fachsprache miteinander zu verbinden.

Um fächerübergreifenden Unterricht möglich zu machen, bietet sich bei diesem Thema

---

11 Lotrecht = senkrecht

ein Exkurs ins alte Ägypten an, welcher dann z.B. in Geschichte aufgegriffen werden kann. Auch vernetzendes Denken wird den Schülern somit ermöglicht.

Da die Stunde eine Einführungsstunde zum Thema „Pyramide" darstellt, legt sie die Basis für eine weitere Beschäftigung mit Pyramiden im Mathematikunterricht. In höheren Klassenstufen werden Pyramiden dann meist dazu genutzt, um Berechnungen an ihnen durchzuführen. Ein gutes Grundverständnis über Pyramiden (bzw. über geometrische Körper) kann den Schülern später bei Berechnungen an diesen Körpern helfen.

Die Stunde soll zudem den Schülern helfen, die Umwelt durch Modelle beschreiben zu können, ihr Raumvorstellungsvermögen zu fördern und den Prozess der Begriffsbildung voranzutreiben.

Das Raumvorstellungsvermögen ist dabei für die Schüler besonders wichtig. Sowohl in der Natur, als auch in der Architektur oder in der Industrie werden wir täglich mit geometrischen Körpern konfrontiert. Dies erfordert oft ein hohes Maß an dreidimensionalem Denken. Zudem wird das Raumvorstellungsvermögen auch in vielen Berufen benötigt (z.B. in handwerklichen und technischen Berufen). Selbst beim Verladen von Paketen oder Containern ist es von Vorteil, wenn man ein gutes Raumvorstellungsvermögen besitzt.

3.2 Lernziele / Kompetenzen

Stundenziel: Die Schüler kennen die Eigenschaften einer Pyramide und können verschiedene Pyramiden benennen und beschreiben.

Teilziele:

kognitive Teilziele:

Die Schüler können

- Pyramiden(formen) in ihrem Alltag/ in der Umwelt erkennen
- Pyramiden aus (unterschiedlichen) (Alltags-) Materialien herstellen
- Vollmodelle, Kantenmodelle, Flächenmodelle (Netze) unterscheiden
- den Begriff „Pyramide" definieren

5

- Netze von verschiedenen Pyramiden erkennen und zeichnen

- ihr Wissen über (math.) Pyramiden mit ägyptischen Pyramiden vernetzen

- ihr Raumvorstellungsvermögen verbessern

psychomotorische Teilziele:

Die Schüler können

- sorgfältiges und genaues Arbeiten üben

- genaues Betrachten und Vergleichen trainieren

- Erkenntnisse verbalisieren und begründen

affektive Teilziele:

Die Schüler können

- ihre Methodenkompetenzen (Gruppenarbeit) weiterentwickeln

- ihre Sozialkompetenz im Umgang mit den Mitschülern verbessern

3.3 Bezug zum Bildungsplan

„Mathematik ist eine Sprache, die Strukturen erfasst und darstellt. Sie bietet die Möglichkeit, Gegebenheiten der Realität zu beschreiben. [...] [Es] werden Strukturen, die in einem allgemeinen Kontext enthalten sind, erkannt, Probleme formuliert und visualisiert, Beziehungen und Regelmäßigkeiten entdeckt [...]. Dies geschieht sowohl bei der Übersetzung der realen Welt in die mathematische als auch bei innermathematischem Arbeiten (Bildungsplan RS 2004, S.60).

Das Thema „Pyramide" fördert dabei besonders die folgende, im Bildungsplan für Realschulen (Klasse 6) genannte Kompetenz in der Leitidee „Raum und Form":

Die Schüler können „geometrische Strukturen in der Umwelt erkennen und sie beschreiben" (Bildungsplan RS 2004, S.61).

Das gewählte Thema fördert des Weiteren folgende Kompetenz: Die Schüler können „Eigenschaften und Beziehungen geometrischer Objekte anhand definierender Merkmale beschreiben und begründen" (Bildungsplan RS 2004, S.61).

Diese Kompetenzen sollen besonders durch konkrete Anschauungsobjekte und Bilder gefördert werden, um einen behutsamen Übergang zu einem formal-abstrakten Denken zu ermöglichen.

Darüber hinaus sollen allgemeine mathematische Kompetenzen wie mathematisch argumentieren, begründen, vergleichen, erkennen, definieren und formulieren durch konkrete Anschauung bei den Schülern gestärkt werden.

3.4 Fachdidaktische Verortung

In meiner Unterrichtsstunde zum Thema „Pyramide" werde ich mich am EIS-Prinzip nach Bruner und am operativen Prinzip (operatives Üben) nach Piaget & Aebli orientieren.

Das Spiralprinzip von Bruner und das Prinzip der Selbsttätigkeit (geht zurück auf Rousseau, Herder, Fichte, Pestalozzi) würde sich allerdings auch für die Erarbeitung des Themas eignen. Da es sich jedoch um eine einzelne Stunde bzw. eine kleine Unterrichtssequenz zum Thema „Pyramide" handelt, ist das Spiralprinzip von Bruner hier schlecht anwendbar. Die Inhalte, die ich in meiner Unterrichtsstunde vermitteln möchte, können jedoch immer wieder (z.B. in der Sekundarstufe I/II, Lehre, Studium) aufgegriffen, ausdifferenziert und mit neuen Vorstellungen angereichert werden. In meiner Unterrichtsstunde werde ich daher besonderen Wert auf das EIS-Prinzip legen.

Nach diesem Prinzip erfolgt die Intelligenzentwicklung auf drei Ebenen:
- enaktive Ebene: Erkenntnisgewinn durch eigene Handlungen an konkreten
                       Materialien
- ikonische Ebene: Erkenntnisgewinn durch Bilder
- symbolische Ebene: Erkenntnisgewinn durch die Verwendung von mathematischer
                       Zeichensprache (Filler 2015, S.2)

Ich werde in meiner Unterrichtsstunde dabei auf alle drei Ebenen eingehen. Die enaktive Ebene empfinde ich als besonders wichtig für die Schüler, da die Schüler beim Herstellen, Sortieren oder Ordnen von Körpern wichtige geometrische Erfahrungen sammeln und somit eine Vorstellung des Körpers bekommen. Die Schüler können dadurch Zusammenhänge viel besser verstehen.

Effektives Lernen kann jedoch nur erfolgen, wenn zwischen den drei Ebenen auch ein Wechsel stattfindet (sowohl vom Konkreten zum Abstrakten als auch vice versa[12]).

Deshalb sollen die Schüler in meiner Unterrichtsstunde nicht nur Pyramiden herstellen

---

12 Vice versa = umgekehrt genauso

(enaktiv), sondern auch Bilder (aus der Umwelt) mit Pyramiden verknüpfen (ikonisch) und Eigenschaften von Pyramiden beschreiben und festhalten können (symbolisch). Dabei können dieselben Handlungen auf unterschiedlichen Erkenntnisstufen durchgeführt werden. Dies ist von Schüler zu Schüler verschieden und führt dazu, dass der Lernstoff individuell gelernt werden kann und demzufolge auch besser behalten und verstanden werden kann.

Des Weiteren werde ich in meiner Unterrichtsstunde das operative Prinzip (nach Aebli und Piaget) berücksichtigen. Operatives Üben bedeutet nach Aebli sinnbezogenes und variables Üben. Ziel des Unterrichts ist die Ausbildung von verinnerlichten Handlungen. Kennzeichnend für das operative Prinzip sind die Reversibilität (= als Operation ist eine verinnerlichte Handlung umkehrbar), die Kompositionsfähigkeit (= Operationen zu komplexen Operationen neu kombinieren) und die Assoziativität (= Teiloperationen sind unabhängig von der Reihenfolge der Durchführung). Ziel des operativen Übens ist die Ausbildung beweglichen Denkens und das Erkennen von Zusammenhängen und Beziehungen. Operatives Üben erfolgt mittels Aufgaben zu Grundoperationen, Zielumkehr- und Nachbaraufgaben sowie Darstellungs- und Handlungswechseln. Das Thema „Pyramiden" (insbesondere das Thema „Netze von Körpern") eignet sich besonders gut für operatives Üben (siehe methodisch-didaktische Analyse), da es ein sehr beziehungsreiches Thema ist.

3.5 Methodisch-didaktische Analyse

<u>Einstieg:</u>

Als Einstieg werde ich ein Körperrätsel stellen (siehe Anhang). Die Schüler sollen beim Erraten des Körperrätsels sowohl das Thema der Stunde erfassen als auch intensiv Kopfgeometrie betreiben. Um das Körperrätsel lösen zu können, muss man sich die genannten Eigenschaften (des gesuchten Körpers) im Kopf vorstellen und anhand bekannter Körper überprüfen. Zudem wird mit diesem Einstieg ein Problem in den Raum gestellt, welches es zu lösen gilt. Dieser Einstieg soll die Schüler motivieren und sie durch spielerische Art und Weise an das Thema heranführen. Wenn die Schüler den Begriff „quadratische Pyramide" (= Lösung des Körperrätsels) herausgefunden haben, werde ich die Schüler fragen, ob es auch andere Pyramidenarten gibt oder ob es nur quadratische Pyramiden gibt. Dies soll die Schüler zu einer Auseinandersetzung mit dem Begriff „Pyramide" bringen. Des Weiteren kann ich so die Vorkenntnisse der Schüler zum Thema Pyramide überprüfen. Daran anknüpfend sollen die Schüler Gegenstände in ihrer Umwelt nennen, welche eine Pyramidenform haben. Die Schüler werden wahrscheinlich nicht allzu viele Gegenstände nennen können, da sie diese meist nur unterbewusst wahrnehmen. Ich werde dann verschiedene Bilder auf Folie auflegen, auf denen man Pyramiden in unserem Alltag erkennen kann. Dies soll die Schüler dazu führen, dass sie die Umwelt mit einer „mathematischen Brille" wahrnehmen können. „Das Herstellen von Umweltbezügen bedeutet zunächst das Wiederfinden von Prototypen der Körper in der Umwelt und das Begründen der Zuordnung zu einer Grundform anhand von Eigenschaften" (Weigand et al. 2014, S.141).

Als Alternative hatte ich mir zunächst überlegt mit einem mathematischen Problem einzusteigen. Ich hätte dazu ein Bild der Cheops-Pyramide gezeigt. Auf diesem Bild wären außerdem die Originalmaße[13] der Pyramide eingezeichnet. Ich würde nun die Schüler vor das Problem stellen, dass sie diese Pyramide (z.B. mit Strohhalmen und Pfeifenreinigern) maßstabgetreu nachbauen sollen. Die Schüler müssten sich dazu jedoch erst einen geeigneten Maßstab überlegen, um die Pyramide nachbauen zu können.

Der Einstieg wäre sicherlich sehr motivierend für die Schüler. Allerdings empfand ich diesen Einstieg als zu schwierig für eine 6. Klasse und als alltagsfern. Die Umrechnung in einen geeigneten Maßstab hätte wahrscheinlich viel zu lange gedauert und da dies nicht das Ziel meiner Unterrichtsstunde darstellt, empfand ich dies als wenig zielführend.

Als eine weitere Alternative fiel mir der „Kantenkrabbler" (in Anlehnung an Herr Gieding)[14] ein. Dabei liest man z.B. einen Text über eine Ameise vor, welche von einem vorher festgelegten Punkt eines Körpers (z.B. Würfel, Quader..) einen gewissen Weg zurücklegt. Man geht dabei zum Beispiel so vor : „Die Ameise startet an der Ecke A des Quaders. Sie läuft nun am Boden diagonal zur anderen Ecke des Quaders. Dann klettert sie an der Kante nach oben,,,," Die Schüler sollen dabei die Augen schließen und am Ende sagen können, an welchem Punkt sich die Ameise befindet. Dies schult die

---

13 Für die 6.Klasse müsste müsste man die Längen der Grundkanten und die Länge der Seitenkanten angeben. In höheren Klassenstufe könnte man die Länge der Grundkanten und die Höhe der Pyramide angeben. Dafür wäre allerdings der Satz des Pythagoras eine wichtige Voraussetzung.
14 Geometriedozent an der PH Heidelberg

Kopfgeometrie enorm. Man müsste allerdings zu Beginn ein Kantenmodell zur Veranschaulichung mitbringen. Bei der Pyramide gestaltet sich diese Aufgabe allerdings etwas schwierig, da es nicht allzu viele Möglichkeiten für einen „Kantenkrabbler" gibt. Bei Körpern wie Würfel oder Quader eignet sich dieser Einstieg allerdings sehr gut. Des Weiteren hätte man mit einem Comic oder Film über Pyramiden einsteigen können. Dazu hätten sich besonders die Comics von Asterix und Obelix geeignet[15]. Diesen Einstieg empfand ich allerdings auch als zu wenig zielführend für die Erreichung meines Stundenziels.

Erarbeitung:

An den Einstieg anknüpfend, werde ich die Schüler in Gruppen einteilen. Dazu werde ich eine Folie mit der Gruppeneinteilung auflegen. Ich werde die Gruppeneinteilung also zuvor selbst vornehmen. Zum einen aus zeitlichen Gründen und zum anderen weil ich möglichst heterogene[16] Gruppen bilden möchte. Es wird demzufolge drei Sechsergruppen und eine Fünfergruppe geben.

In der Erarbeitungsphase habe ich mich für Gruppenarbeit entschieden, da es eine sehr schülerorientierte Methode ist. Außerdem kann (vor allem bei aufgabenverschiedener Gruppenarbeit) das Wissen zu einem Sachverhalt aus mehreren Perspektiven erarbeitet und dann als Expertenwissen weitergegeben werden. Die Schüler können sich dabei gut untereinander austauschen und ihr Wissen vermitteln. Überdies fördert diese Methode „divergentes Denken[17]" und die selbstständige Aneignung von Wissen. Die Gruppenarbeit soll dabei aufgabenverschieden durchgeführt werden. Die Gruppenarbeit kann je nach Arbeitstempo innerhalb der Gruppen, arbeitsteilig oder arbeitsgleich erfolgen. Dies macht eine weitere Differenzierung zwischen den Gruppen möglich (siehe Formen der Gruppenarbeit nach Klingenberg) (Heckmann/ Padberg 2012, S.92). Die Gruppenarbeit soll den Schülern dabei einen aktiven und handlungsorientierten Zugang zu Pyramiden bieten.

Als Alternative hätte man auch Sozialformen wie Einzel- oder Partnerarbeit wählen können. Da es sich in der Unterrichtsstunde jedoch um eine sehr handlungsorientierte

15 In dem Heft „Asterix und Kleopatra" kommen Szenen mit Pyramiden vor.

16 Als Alternative hätte ich auch leistungsdifferenzierte Gruppen bilden können. Da ich allerdings das Ziel verfolge, dass die stärkeren Schüler den schwächeren Schülern helfen und unterstützend wirken, habe ich mich für heterogene Gruppen entschieden. Diese gegenseitige Unterstützung der Schüler kann bei Gruppenarbeit besonders gut erfolgen.

17 Divergentes Denken: „Querdenken"; unsystematisches, offenes Denken, welches zur Lösung von Problemen eingesetzt werden kann

Stunde handelt, habe ich mich dagegen entschieden.

Die Schüler gehen anschließend in ihre Gruppen. Die Tische werde ich aus zeitlichen Gründen zuvor zu Gruppentischen zusammenschieben.

Zunächst erhält jede Gruppe das gleiche Arbeitsblatt. Dieses Arbeitsblatt ist dazu da, die Schüler alle auf ein gleiches Ausgangsniveau zu bringen. Es soll den Schülern die wichtigsten Kenntnisse über Pyramiden vermitteln.

Die Schüler sollen auf dem Aufgabenblatt zunächst die verschiedenen Arten von Pyramiden kennen lernen und benennen. Anschließend sollen sie einen Lückentext ergänzen, der die Eigenschaften der Pyramide thematisiert.

Wenn eine Gruppe mit dem Arbeitsblatt fertig ist, kann diese ans Lehrerpult kommen und sich den nächsten Arbeitsauftrag und die dafür vorgesehenen Materialien abholen. Dies ermöglicht jeder Gruppe ein individuelles Arbeitstempo.

Die Aufgabenblätter, welche die Schüler sich am Lehrerpult abholen, sind von Gruppe zu Gruppe unterschiedlich. Dies hat den Vorteil, dass das Thema der Pyramide unter verschiedenen Blickwinkeln und Perspektiven bearbeitet werden kann und die Schüler sich später darüber austauschen können.

Hierbei habe ich mich an dem Modell „Fundamentum-Additum" orientiert. Dies ist eine Modell der inneren Differenzierung. Das „Fundamentum" ist dazu da, um den Schülern Grundlagenkenntnisse zu vermitteln und ist in meiner Unterrichtsstunde das Arbeitsblatt, welches jeder Schüler bearbeiten muss. Das „Additum" ist dann für zusätzliche Inhalte und die Vertiefung des Themas zuständig. Die weiteren aufgabenverschiedenen Arbeitsaufträge der Schüler stellen in meiner Unterrichtsstunde das „Additum" dar.

Diese weiteren Arbeitsblätter enthalten am Anfang alle einen Text zu Pyramiden in Ägypten. Dieser Text ist auch von Gruppe zu Gruppe verschieden. Er soll bei den Schülern vernetzendes Denken ermöglichen. Die Schüler sollen dabei das Thema der Pyramide nicht nur mathematisch, sondern auch geschichtlich kennen lernen. Dies ermöglicht zudem fächerübergreifenden Unterricht und kann gegebenenfalls im Geschichtsunterricht weiter vertieft werden

Gruppe 1 bekommt den Arbeitsauftrag Kantenmodelle von Pyramiden aus Pfeifenreinigern und Strohhalmen zu bauen und einen Steckbrief einer quadratischen Pyramide anzufertigen. Ich werde den Schülern zusätzlich einen Briefumschlag mit Tipps zu den Aufgaben auf den Gruppentisch legen. Sollten die Schüler mit den

Aufgabenstellungen Probleme haben, können sie sich dort Anregungen holen. Stärkere Gruppen können die Aufgaben ohne Hilfe lösen und etwas leistungsschwächere Gruppen können sich dort Denkanstöße holen.

Gruppe 2 erhält ebenfalls den Arbeitsauftrag Kantenmodelle von Pyramiden herzustellen. Allerdings sollen die Schüler die Kantenmodelle diesmal aus Zahnstochern und Knetkügelchen herstellen. Überdies sollen die Schüler der Gruppe 2 eine Tabelle zu den Eigenschaften verschiedener Pyramiden ausfüllen (Anzahl der Ecken, Flächen, Kanten). Auch hier werde ich einen Briefumschlag mit Tipps zu den Aufgaben auf den Gruppentisch legen.

Das Herstellen von (verschiedenen) Kantenmodellen ist besonders gut geeignet, um viele verschiedene Körper miteinander zu vergleichen und Zusammenhänge über die Anzahl von Ecken, Kanten und Flächen herauszufinden (Franke 2007, S.175). Auch erhalten die Schüler einen Einblick in das Körperinnere (Weigand et al. 2014, S.144).

Als Vertiefung dazu könnte man in einer weiterführenden Stunde (nach der Behandlung der Polyeder) auf den Eulerschen Polyedersatz[18] eingehen. Die Schüler könnten dann anhand ihrer Modelle prüfen, ob der Satz immer zutrifft oder ob es auch Ausnahmen gibt.

Gruppe 3 soll Flächenmodelle aus Netzen herstellen. Bei den Netzen habe ich besonders darauf geachtet, dass diese nicht immer gleich aufgebaut sind (z.B. n-Eck liegt immer in der Mitte des Netzes und die dreieckigen Seitenflächen gehen jeweils davon ab).

Bei den Aufgaben habe ich besonderen Wert auf das operative Üben gelegt. Die Schüler sollen zunächst die vorgegebenen Körpernetze zu Körpern zusammenkleben. Anschließend sollen sie zu den vorhandenen Vollmodellen der Pyramiden (Tetraeder, quadr. Pyramide und Sechseckpyramide)[19] selbst Körpernetze entwickeln. Abschließend sollen sie dann noch für einen zusammengesetzten Körper die Netze entwickeln. Bei den Aufgaben wird besonders die Reversibilität (zu gegebenen Körpern Netze entwickeln und vice versa), die Assoziativität (Körper abrollen) und die Kompositionsfähigkeit (Netze für zusammengesetzte Körper erstellen: z.B. Würfel mit Pyramide als „Turmspitze") deutlich (Filler 2015, S.6). Beim Zusammenkleben der Körpernetze sollen die Schüler die wesentlichen Eigenschaften der Pyramide handelnd

---

18 Eulersche Polyedersatz: Die Summe aus Seitenflächen und Ecken ist genau so groß wie die Anzahl der Kanten plus 2 (Franke 2007, S.176).
19 Die Pyramiden haben jeweils eine abnehmbare (magnetische) Grundfläche und abnehmbare Seitenflächen

erfahren und sich über diese bewusst werden.

„Über Körpernetze wird eine Brücke zwischen räumlichen Objekten und der ebenen Geometrie geschlagen" (Weigand et al. 2014, S.145). Gruppe 4 soll sich intensiv mit den Pyramiden in Ägypten beschäftigen. Die Schüler erhalten dafür den Arbeitsauftrag, wichtige Stichpunkte aus ihrem Infotext zu Pyramiden in Ägypten auf ein Plakat zu notieren und anschließend die berühmten drei Pyramiden von Gizeh nachzubauen. Hierfür erhalten sie einen Lageplan[20] und die Körpernetze der Pyramiden. Diese Aufgabe soll besonders das vernetzende Denken der Schüler aktivieren.

Das Herstellen von Modellen verschiedener Pyramiden erzeugt wichtige positive Beispiele für das Begriffslernen. Zusätzlich helfen Modelle das Raumvorstellungsvermögen der Schüler aufzubauen und sind gute Anschauungshilfen. Ich habe mich bewusst dafür entschieden, nur Kanten- und Flächenmodelle (Netze) herstellen zu lassen. Zunächst hatte ich mir überlegt eine zusätzliche Gruppe zu bilden, welche sich mit dem Herstellen von Vollmodellen beschäftigt. Vollmodelle könnte man zum Beispiel aus Knete oder Styropor herstellen. Da sich das bei der Pyramide allerdings etwas schwierig gestaltet, habe ich mich dagegen entschieden. Die Schüler kommen durch meine mitgebrachten Vollmodelle allerdings trotzdem in den Kontakt mit dieser Art von Modellen.

Alle Gruppen sollen zudem im Anschluss an ihre Aufgaben ihren Gruppentisch für eine anschließende Präsentation vorbereiten.

Falls eine Gruppe schneller fertig sein sollte, hat diese Gruppe die Möglichkeit, die Zusatz- bzw. Knobelaufgaben zu lösen oder weitere Modelle für die anschließende Präsentationsphase zu bauen.

Die Knobelaufgaben sollen die Schüler herausfordern und deren Raumvorstellungsvermögen anregen. Das Kugel-Puzzle (siehe Anhang) ist dabei ein bekanntes Puzzle, welches aus 20 Kugeln besteht, die zu einer Dreieckspyramide zusammengefügt werden müssen. Die Schwierigkeit besteht darin, dass die Holzkugeln schon in kleinen Gruppen aneinander befestigt sind (Verhulst/ Walcher 2010, S.184). Da die Knobelaufgaben nicht einfach zu lösen sind, werde ich auch dort Hilfskärchen in Form von Bildern (Schritt-für-Schritt Anleitung) bereitlegen.

---

20 Der Lageplan zeigt maßstabgetreu die Originallage der Pyramiden (in Ägypten) an.

Als Alternative für diese Erarbeitungsphase hätte man sich auch nur auf einen Aspekt (z.B. Kantenmodelle) konzentrieren können. Die Schüler hätten dann in Gruppenarbeit verschiedene Kantenmodelle gebaut und anschließend vorgestellt.

Da es sich um eine Einführungsstunde zum Thema „Pyramide" handelt und ich den Blickwinkel der Schüler auf das große Spektrum des Themas „Pyramide" lenken will, habe ich mich für eine Stunde entschieden, die alle Bereiche (bzw. Modelle) gleichermaßen abdeckt. Anschließend kann man das Thema dann immer noch weiter spezifizieren.

Als weitere Alternative hätte man die Verknüpfung mit Pyramiden in Ägypten weglassen können und stärker den mathematischen Blick auf Pyramiden stärken können. Da ich allerdings (wie bereits erwähnt) fächerübergreifenden Unterricht und vernetzendes Denken ermöglichen möchte, habe ich mich für die Verbindung von mathematischen Pyramiden und Pyramiden in Ägypten entschieden.

Sicherungs-/ Präsentationsphase:

In der Sicherungsphase habe ich mich für die Präsentation der Gruppenergebnisse entschieden. Dies kann man sehr gut für die Vermittlung von Lerneinheiten einsetzen, (besonders bei umfangreichen Inhalten). Da die Schüler zuvor alle ihre Gruppentische für die Präsentation vorbereitet haben, können die Schüler nun ihre Ergebnisse anschaulich den anderen Schülern vorstellen.

Die Schüler sollen dafür in der Präsentationsphase an den Gruppentischen sitzen bleiben. Diejenige Gruppe, die ihre Arbeitsergebnisse dann jeweils vorstellt, erhebt sich von ihrem Platz, erklärt den anderen Schülern, was sie Neues über Pyramiden gelernt haben und zeigt den Mitschülern die erstellten Körper.

Alle Gruppen berichten jedoch am Anfang ihrer Präsentation kurz die wichtigsten Fakten aus ihrem Infotext.

Die Gruppen 1 und 2 stellen dann ihre Kantenmodelle und die dazugehörigen Steckbriefe den Mitschülern vor. Gruppe 3 stellt ihre gebastelten Flächenmodelle und Netze vor und Gruppe 4 präsentiert ihre gebastelten Pyramiden von Gizeh.

Als Alternative hätte man die Schüler auch vorne an der Tafel präsentieren lassen können. Jedoch müsste man dazu alle Materialien durch das Klassenzimmer tragen. Dies würde zusätzlichen Zeitaufwand bedeuten und es würde eventuell Unruhe entstehen.

Eine weitere Methode, die sich für die Präsentationsphase sehr gut eignen würde, ist die „Vernissage" oder die Methode „Markt der Möglichkeiten".

Die Methode „Vernissage" ist dabei in zwei Phasen gegliedert.

Phase 1: Alle Schüler schlendern durch die „Ausstellung" (Gruppentische mit Materialien), um sich erste Eindrücke zu holen.

Phase 2: Die Schüler gehen gemeinsam durch die „Ausstellung" und lassen sich jeweils die Ergebnisse präsentieren (Hugenschmidt/ Technau 2011, S.185).

Der Vorteil dieser Methode ist, dass alle Schüler aktiv sind und offene Fragen direkt geklärt werden können. Zudem kann auch hier jede Gruppe ihr erstelltes Material vorstellen. Dies ist besonders wichtig, damit die Schüler einen Eindruck von den Arbeiten der anderen Schüler bekommen und damit die Arbeit der Schüler gewürdigt wird.

Die Methode „Markt der Möglichkeiten" (ebenda, S.111) ist ganz ähnlich aufgebaut. Der Unterschied besteht darin, dass bei dieser Methode an jedem Ausstellungstisch ein bis zwei Gruppensprecher stehen, welche bei Fragen Auskunft geben. Die Schüler können durch den Markt der Möglichkeiten schlendern, die Ausstellungstische besichtigen und bei Unklarheiten die Gruppensprecher fragen.

Diese Methode würde für meine Unterrichtsstunde allerdings zu viel Zeit beanspruchen, da die Unterrichtsstunde sich auf 45 Minuten beschränkt. Für eine Doppelstunde wäre dies jedoch eine sehr schöne und abwechslungsreiche Methode.

Sollten die Schüler in der Erarbeitungsphase allerdings mehr Zeit für die Gruppenarbeit benötigen, werde ich die Schüler nicht darin unterbrechen und die Präsentationsphase auf die nächste Mathematikstunde verschieben. Hier ergäbe sich dann auch die Möglichkeit, mit der Methode „Vernissage" einzusteigen.

<u>Abschluss:</u>

An die Präsentationsphase anknüpfend, bekommen die Schüler als Abschluss „Pyramidos". Pyramidos sind kleine Gummibärchentüten in Tetraederform von Haribo (siehe Anhang).

Die Schüler dürfen sich jeweils zwei[21] solcher Tütchen mit nach Hause nehmen. Sie

---

21 Die Schüler erhalten jeweils zwei Tütchen. Sie können somit ein Tütchen sofort essen, da sie das andere Tütchen für die Hausaufgabe benötigen.

erhalten dazu ein Arbeitsblatt als Hausaufgabe, auf dem sie die wichtigsten Informationen zu Pyramiden in Ägypten festhalten sollen. Sie bekommen zudem den Auftrag, ein Netz eines „Pyramidos" zu zeichnen. Bei dieser Aufgabe sollen die Schüler besonders im Bereich „Modellieren" ihre Kompetenzen stärken (vgl. Modellierungskreislauf).

Die gebastelten Pyramidenmodelle dürfen die Schüler als Erinnerung mit nach Hause nehmen. Wenn die Schüler alle Materialien wieder nach vorne gebracht und die Tische zurückgeschoben haben, können die Schüler ihre Sachen zusammenräumen und in die Pause gehen.

Ausblick:

In der darauffolgenden Stunde könnte man das Thema der Pyramide weiterführen und vertiefen. Dazu würde sich als Einstieg „Folienfußball" sehr gut eignen. Mittels einem Quiz über Pyramiden (ca. 10-15 Fragen über Pyramiden) könnte somit überprüft werden, was die Schüler in meiner Stunde gelernt haben (Ergebnissicherung).

Die Hausaufgabe könnte dadurch überprüft werden, indem die Schüler (durch Ausschneiden und Zusammenkleben ihrer erstellten Netze) überprüfen, ob ihre gezeichneten Netze auch wirklich einen Tetraeder ergeben.

Danach könnte man Übungsaufgaben (z.B. aus dem Schulbuch) anschließen, um die Erkenntnisse der Schüler zu festigen.

4. Strukturskizze/ Verlaufsplanung

Schule: xxxxxxxxxxxx-xx xxxxxxxxxxxxxxxxxx

Fach: Mathematik

Praktikantin: xxxxxxxx xxxxxxxxxxxxxxxx

Klasse: xx

Datum: 10.06.2015

Lernziel: Die Schüler kennen die Eigenschaften einer Pyramide und können verschiedene Pyramiden benennen und beschreiben.

Zeit/ Phase	Lehr-Lern-Interaktion	Didaktischer Kommentar. Lernintensionen	Arbeits-/ Sozialform	Arbeitsmittel und Medien
9:50-10:00 Uhr Einstieg	- Begrüßung - L stellt Körperrätsel → SuS sollen Körper erraten - L fragt die SuS wo Pyramiden im Alltag vorkommen → SuS nennen z.B, Pyramiden in Ägypten - L legt Folie mit weiteren Beispielen auf	*Die Schüler können Pyramiden(formen) in ihrer Umwelt erkennen.* *Die Schüler können ihr Raumvorstellungsvermögen verbessern.*	Plenum	- Körperrätsel - Folie Bilder - OHP
10:00-10:05 Uhr Überleitung	- L: „Wir werden uns heute mit Pyramiden beschäftigen. Ihr werdet gleich in Gruppen eingeteilt und könnt verschiedene Pyramiden genauer unter d e Lupe nehmen." - L teilt die SuS in Gruppen ein	-Heterogene Gruppen → leistungsstarke Schüler können den leistungsschwächeren helfen	frontal	- Folie Gruppeneinteilung
10:05-10:25 Uhr Arbeitsphase	- Die SuS beschäftigen sich mit Pyramiden - Jede Gruppe hat dabei eine andere	*Die Schüler können Pyramiden aus unterschiedlichen Materialien herstellen.*	Gruppenarbeit	- AB Gruppenarbeit - Knete - Pfeifenreiniger

	Aufgabe zu erledigen - L unterstützt die SuS bei Bedarf - Schnelle Gruppen können sich mit den Zusatzaufgaben beschäftigen (Die „schnelle" Pyramide, Pyramidenrätsel) - L beendet die Gruppenarbeit und leitet zur Präsentationsphase über	*Die Schüler können Vollmodelle, Kantenmodelle und Flächenmodelle unterscheiden.* *Die Schüler können den Begriff „Pyramide" definieren.* *Die Schüler können Netze von verschiedenen Pyramiden erkennen und zeichnen.* *Die Schüler können ihr Wissen über (math.) Pyramiden mit ägyptischen Pyramiden vernetzen.*		- Zahnstocher - Strohhalme - Pyramiden (Vollmodelle)
10:25-10:35 Uhr Präsentationsphase	- Jede Gruppe stellt nun an ihrem Ausstellungstisch ihre Ergebnisse vor	*Die Schüler können ihre Erkenntnisse verbalisieren und begründen.*	Gruppen-präsentation	- Materialien der Gruppen
Abschluss	- L verteilt „Pyramidos" an die Schüler - Hausaufgabe			

5. Quellenverzeichnis

Böttner, J. et al. (2006): Schnittpunkt 2 Mathematik – Baden Württemberg. Stuttgart: Ernst Klett Verlag

Franke, M. (2007): Didaktik der Geometrie in der Grundschule. München: Elsevier Verlag

Hart, G. (2005): Das alte Ägypten – Vergangenheit erleben; Kultur und Alltag im Reich der Pharaonen. Hildesheim: Gerstenberg

Heckmann, K./ Padberg, F. (2012): Unterrichtsentwürfe Mathematik Sekundarstufe I. Berlin/ Heidelberg: Springer Verlag.

Hugenschmidt, B./ Technau, A. (2011): Methoden schnell zur Hand – 66 schüler- und handlungsorientierte Unterrichtsmethoden. Seelze: Kallmeyer/ Klett.

Morris, N. (2002): Altes Ägypten. Nürnberg: Tesloff-Verlag.

Pyroth, S. (2010): Kantenmodelle herstellen. In: Grundschule Mathematik H.26, S.26-29

Redaktion Schule und Lernen (Hrsg.) (2004): Schülerduden Mathematik I – Ein Lexikon zur Schulmathematik für das 5. bis 10. Schuljahr. Mannheim: Dudenverlag.

Steinau, B. (2010): Erste Erfahrungen mit Netzen und Pyramiden. In: Grundschule Mathematik H.26, S.10-13.

Verhulst, F./ Walcher, S. (Hrsg.) (2010): Das Zebra-Buch der Geometrie. Berlin/ Heidelberg: Springer Verlag.

Weigand, H.G. et al. (2014): Didaktik der Geometrie für die Sekundarstufe. Berlin: Springer Verlag

Internetquellen:

Filler, A. (2015): Einführung in die Mathematikdidaktik, Teil 2 – Einige lerntheoretische Grundlagen und daraus resultierende Prinzipien für den Mathematikunterricht. Abrufbar unter: didaktik.mathematik.hu-berlin.de/files/einfmadid2lernpsych.pdf (aufgerufen am 01.06.2015)

Hahn, G. (o.J): Definition des Begriffs „Bläserklasse". Abrufbar unter: http://www.blaeserklasse.net/definition.html (aufgerufen am 02.06.2015)

Lenz, M. (o.J.): Die Pyramiden von Gizeh – Ein Bausatz/ Bastelsatz abrufbar unter: http://www.mieriesuperklasse.de/seiten/2_unterrichtsseiten/geschichte/pyramiden/pyramiden.html (aufgerufen am 04.06.2015)

Ministerium für Kultus, Jugend und Sport Baden-Württemberg (Hrsg., 2004): Bildungsplan für die Realschule 2004. Stuttgart abrufbar unter: www.bildung-staerkt-menschen.de%2Fservice%2Fdownloads%2FBildungsplaene %2FRealschule%2FRealschule_Bildungsplan_Gesamt.pdf

Wietzel-Winkler, S. (o.J.):Pyramiden basteln – fertiger Bausatz bzw. Ausschneidebogen abrufbar unter: http://www.welt-im-web.de/?N%C3%BCtzliches_in_Dateiform: Pyramiden (aufgerufen am 04.06.2015)

Bildquellen:

http://www.schulminator.com/sites/default/files/pyramide-formel-berechnen-volumen-oberflaeche.gif.png (aufgerufen am 01.06.2015)

http://www.trekexchange.com/images/louvre1.jpg (aufgerufen am 01.06.2015)

http://www.andaku-werbedruck.de/WebRoot/Store20/Shops/64158135/52DA/BEDB/1E04/97E4/285A/ C0A8/2BBA/F9A8/Pyramide_Single.jpg (aufgerufen am 01.06.2015)
http://www.ulweber.de/images/stories/CADTutorial/Bilder5/STMichaeldach.jpg (aufgerufen am 01.06.2015)

http://media.holidaycheck.com/data/urlaubsbilder/images/1/1157616880.jpg (aufgerufen am 01.06.2015)

http://media.holidaycheck.com/data/urlaubsbilder/images/1/1157616880.jpg (aufgerufen am 01.06.2015)

http://www.toys-for-all.de/bilder/produkte/gross/Pyramide-5-teilig-Minipuzzle-Geduldspiel-.jpg (aufgerufen am 03.06.2015)

http://www.3d-puzzlewelt.com/images_shop/product/die-rtselhafte-pyramide_bartl-gmbh_4032821004 994_477_3.jpg (aufgerufen am 03.06.2015)

http://1111ideen.de/9389-thickbox_default/die-zers%25C3%25A4gte-pyramide.jpg (aufgerufen am 01.06.2015)

http://www.connexxion24.com/images/product_images/ebay_images/4083_1-Die-zersaegte-Pyramide-Legepuzzle-1.jpg (aufgerufen am 01.06.2015)

http://www.br.de/grips/faecher/grips-mathe/grips-mathe-24-grafiken132~_v-img__16__9__1_-1dc0e8f74459dd04c91a0d45af4972b9069f1135.jpg (aufgerufen am 02.06.2015)

www.uni-landau.de%2Frasch%2FGrundlegende%2520Geometrie%2FVorlesungen %2FV7_Koerper_Ueberblick.pdf (aufgerufen am 01.06.2015)

www.did.mat.uni-bayreuth.de%2F~werner%2Fgeonext%2Fmathewochenende2010%2Fvortrag_brandl %2FMaterial%2520f%25C3%25BCr%2520TN%2FWorkshop_farbig.pdf (aufgerufen am 02.06.2015)

http://www.mathematik-heute.de/uploads/pics/04_Grundform_einfach_koerper_gross02.jpg (aufgerufen am 03.06.2015)

Einstig:

Körperrätsel:

> Der gesuchte Körper hat 5
> Flächen, 8 Kanten und 5
> Ecken (von denen eine Ecke
> eine ganz spitze Ecke ist).
> Seine Seitenflächen sind
> Dreiecke und seine
> Grundfläche ist ein Quadrat.

Welcher Körper ist gemeint?

→ **Quadratische Pyramide**

→ Gibt es nur quadratische Pyramiden? Wo kommen Pyramiden im Alltag/ in eurer Umwelt vor?

Erkunde die Eigenschaften von Pyramiden

Aufgabe 1:

Setze die passenden Begriffe in den Lückentext ein :

Eckpunkte – Spitze – Dreiecke – Pyramide – Grundfläche

Eine Pyramide ist begrenzt durch die _____ und den Mantel.

Die _____, aus denen der Mantel besteht, treffen sich in der _____.

Die Grundfläche kann 3, 4 oder mehr _____ haben.

Sie bestimmt den Namen der _____: Dreieckspyramide, quadratische

Pyramide, usw.

Gruppe 1: Kantenmodelle

Infotext: Pyramiden in Ägypten:

> Berühmte Grabstätten ägyptischer Könige sind Pyramiden mit
> quadratischer Grundfläche. Am bekanntesten ist die
> Cheopspyramide in Ägypten. Sie ist 147 m hoch und hat eine
> Seitenlänge von 230 m. Sie ist die größte aller Pyramiden und das
> älteste der Sieben Weltwunder der Antike.
> Die Ägypter hatten allerdings nur geringe Kenntnisse in der
> Geometrie. Sie waren dennoch fähig, riesige Pyramiden zu bauen.

a) Baut selbst eine Pyramide mit quadratischer Grundfläche mit den vorbereiteten
   Materialien.

b) Baut weitere Pyramiden (z.B. Dreieckspyramide, Sechseckpyramide usw.)

c) Schreibt den Steckbrief einer quadratischen Pyramide auf das ausliegende Blatt.

d) Bereitet eine kleine Präsentation (ca. 2 Min.) eurer Ergebnisse vor.
   → wichtigste Informationen des Infotextes nennen
   → Modelle vorstellen (Herstellung, Schwierigkeiten...)

Hilfe:

zu a)

- Schneide die Pfeifenreiniger in ca. 4 cm lange Stücke
- Für jede Eckverbindung brauchst du zwei Pfeifenreinigerstücke und für die Spitze brauchst du vier.
- Sieh dir die Bilder an und versuche den Körper nachzubauen
- Wie viele Pfeifenreinigerstücke brauchst du?
- Wie viele Strohhalme brauchst du für deinen Körper?
- Welche Halme müssen gleich lang sein?

zu b) Beispiele: Dreieckspyramide, quadratische Pyramide, Fünfeckpyramide, Sechseckpyramide ….

zu c) Mögliche Punkte: Name der Pyramide, Anzahl der Flächen, Anzahl der Kanten, Anzahl der Ecken …

Gruppe 2: Kantenmodelle

Infotext: Pyramiden in Ägypten:

> Bis zu 30 000 Arbeiter waren über 20 Jahre lang am Bau der
> berühmten Cheops-Pyramide beschäftigt. Sie verbauten dabei rund
> 2,3 Millionen Kalksteinblöcke, von denen jeder mindestens 2,5
> Tonnen wog, und hievten die Blöcke mit Holzschlitten und auf
> Rollen an ihren Platz. König Snofru, der Vater von Cheops, war
> der größte der königlichen Pyramidenbauer.

a) Bastelt euch ein Kantenmodell einer quadratischen Pyramide aus Zahnstochern
und Knetkügelchen.

b) Baut weitere Kantenmodelle von Pyramiden.

c) Füllt die Tabelle aus.

	Anzahl Ecken	Anzahl Kanten	Anzahl Flächen
Dreieckspyramide			
Quadratische Pyramide			
Fünfeckpyramide			
Sechseckpyramide			

d) Schreibt den Steckbrief einer Dreieckspyramide, einer Fünfeckpyramide und einer
Sechseckpyramide. Benutzt dafür für jeden Steckbrief ein gesondertes Blatt.

e) Bereitet eine kleine Präsentation (ca. 2 Min.) eurer Ergebnisse vor.
→ wichtigste Informationen des Infotextes nennen
→ Modelle vorstellen (Herstellung, Schwierigkeiten...)

Hilfe:

zu b) Beispiele: Dreieckspyramide, Fünfeckpyramide, Sechseckpyramide...

zu c) TIPP: Du kannst die Pyramiden aus b) nutzen oder mit dem vorhandenen Material nachbauen und dann die Ecken, Kanten, Flächen abzählen.

zu d) Mögliche Punkte: Name der Pyramide, Anzahl der Flächen, Anzahl der Kanten, Anzahl der Ecken ...

Gruppe 3: Flächenmodelle aus Netzen

Infotext: Pyramiden in Ägypten:

> Insgesamt wurden mehr als 80 Königspyramiden in Ägypten errichtet. Diese gewaltigen Steindenkmäler, von denen viele die Jahrtausende überdauern sollten, waren Grabmäler für Pharaonen und dienten als heilige Stätten, von wo aus die Seele des toten Königs tagtäglich in den Himmel reisen konnte. Sie waren geniale Werke der Baukunst, deren riesige Steinquader genau aneinander passten. Die Form der Pyramiden hatte für die Ägypter eine religiöse Bedeutung, denn sie symbolisierte den Schöpfungshügel und wies zum Himmel und zur Sonne hinauf.

a) Schneidet die ausliegenden Körpernetze aus und klebt sie an den Klebelaschen zusammen.

b) Erstellt selbst Körpernetze zu den ausgestellten Pyramiden.
   Klebt sie nicht zusammen!

c) Erstellt ein Körpernetz eines Würfels und ein Körpernetz einer quadratischen Pyramide und klebt diese zusammen.
   Achtung: Die beiden Körper sollen dann zu einem Turm zusammengesetzt werden !

d) Bereitet eine kleine Präsentation (ca. 2 Min.) eurer Ergebnisse vor.
   → wichtigste Informationen des Infotextes nennen
   → Modelle vorstellen (Herstellung, Schwierigkeiten...)

Hilfe:

Zu b) Ihr könnt die Seitenflächen der Pyramiden abnehmen.
Stellt den Körper dazu auf die Grundfläche und klappt die Seitenflächen mit der roten Fläche auf den Tisch. Ihr könnt nun euer Körpernetz umranden.

- Wie sehen die einzelnen Flächen aus, die du benötigst?
- Wo musst du evtl. Klebelaschen anzeichnen?

zu c) Welche Flächen müssen bei den zwei Körpernetzen gleich groß sein?

Gruppe 4: Flächenmodelle aus Netzen

Die größte Pyramide wurde für König Cheops in Gizeh um 2589 v. Chr. gebaut. Die Pyramiden sollten die Körper der Könige schützen, die in ihrer Mitte zur letzten Ruhe gebettet wurden. Irreführende Gänge sollten Räuber vom reichen Grabschatz ablenken. Aber schon um 1000 v. Chr. waren alle Pyramiden ausgeraubt.

Die drei großen Pyramiden von Gizeh wurden für König Cheops, seinen Sohn Chefren und seinen Enkel Mykerinos erbaut. War einer dieser Könige gestorben, wurde sein Leichnam zur Pyramide gebracht. In einem Taltempel wurde der Körper zunächst mumifiziert. Dann trugen Priester die Mumie über einen langen Aufweg zu einem Totentempel, bevor sie in der Pyramide in einen steinernen Sarkophag (= Sarg) gelegt wurde. Die Frauen des Königs und hohe Beamte wurden in der Nähe in kleineren Pyramiden oder Gräbern bestattet.

a) Lest den Infotext „Pyramiden in Ägypten".

b) Schreibt wichtige Informationen in <u>Stichworten</u> auf euer Plakat.

c) Schneidet die Netze der Pyramiden aus und klebt sie zusammen.
   Klebt die Pyramiden anschließend auf das große Plakat (Lageplan der Pyramiden).

d) Bereitet eine kleine Präsentation (ca. 2 Min.) eurer Ergebnisse vor.
   → wichtigste Informationen des Infotextes nennen
   → Modelle vorstellen (Herstellung, Schwierigkeiten...)

Hausaufgabe:

Aufgabe 1 : Was hast du über Pyramiden in Ägypten gelernt?
Schreibe in <u>Stichworten</u> in die Sprechblase.

Aufgabe 2: Zeichne das Netz der Gummibärchenpyramide.

Lösung Kugel-Pyramide:

Materialien:

Lösung zersägte Pyramide: